# Die Petroleum- und Benzin-Motoren

mit besonderer Berücksichtigung der

## Treiböl-Motoren

———

www.ingramcontent.com/pod-product-compliance
Lightning Source LLC
Chambersburg PA
CBHW022311240326
41458CB00164BA/824